coleção primeiros passos 335

Eduardo Ehlers

O QUE É AGRICULTURA SUSTENTÁVEL

editora brasiliense

Copyright © by Eduardo Ehlers
Nenhuma parte desta publicação pode ser gravada,
armazenada em sistemas eletrônicos, fotocopiada,
reproduzida por meios mecânicos ou outros quaisquer
sem autorização prévia da editora.

Primeira edição, 2009
3.ª reimpressão, 2017

Diretora Editorial: *Maria Teresa B. de Lima*
Produção Gráfica: *Laidi Alberti*
Diagramação: *Formato*
Preparação: *Ricardo Miyake*
Revisão: *Marília Martins Ferro e Marcos Vinícius Oliveira*

**Dados Internacionais de Catalogação na Publicação
(CIP)(Câmara Brasileira do Livro, SP, Brasil)**

Ehlers, Eduardo O que é agricultura sustentável / Eduardo Ehlers. -- São Paulo : Brasiliense, 2008. -- (Coleção primeiros passos ; 335) ISBN 978-85-11-00120-4 1. Agricultura - Aspectos ambientais 2. Agricultura sustentável 3. Desenvolvimento sustentável I. Título. II. Série.

08-11386   CDD-630.275

Índices para catálogo sistemático:
1. Agricultura sustentável   630.275

Editora Brasiliense Ltda.
Rua Antônio de Barros, 1720 – Tatuapé
CEP 03401-001 – São Paulo – SP – Fone (11) 3062.2700
E-mail: comercial@editorabrasiliense.com.br
www.editorabrasiliense.com.br

Sumário

Introdução 7
A agricultura moderna 13
Os movimentos rebeldes 35
O ideal da sustentabilidade 55
Conclusões 85
Sugestões para leitura 89
Sobre o autor 91

Ao amigo e professor José Eli da Veiga.

Introdução

Há mais ou menos dez mil anos, alguns povos do norte da África e do oeste asiático abandonaram progressivamente a caça e a coleta de alimentos e começaram a produzir seus próprios grãos. Tinha início a prática do cultivo da terra, ou a *agricultura*. Esses povos nem imaginavam que estavam semeando uma enorme reviravolta na história da humanidade.

Na Europa, as primeiras roças surgiram há cerca de 8,5 mil anos na região da atual Grécia e, muito lentamente, o cultivo da terra se espalhou pelo vale do Danúbio, até chegar à Inglaterra, há aproximadamente 6 mil anos. Durante toda a Antiguidade, a Idade Média e a Renascença, produzir alimentos foi um dos maiores desafios da humanidade. Alguns povos conseguiram algum sucesso e chegaram a garantir sua segurança alimentar. Mas, em geral, o domínio do homem sobre as técnicas de produção era precário e a fome dizimava milhares de pessoas.

Foi apenas no século XVIII, com o início da *agricultura moderna* na Europa Ocidental, que o homem começou a produzir alimentos em maior escala. Desde meados do século XIX até os nossos dias, uma série de inovações tecnológicas, como adubos químicos, tratores e sementes geneticamente melhoradas aumentaram exponencialmente a produção de alimentos. Nos anos 1970, o padrão moderno espalhou-se por vários países, levando consigo a esperança de resolver os problemas da fome. Mas, em pouco tempo, a euforia das "grandes safras" cederia lugar a uma série de preocupações relacionadas aos problemas sociais, econômicos e ambientais provocados por esse padrão produtivo.

Naquela mesma década, fortalecia-se um amplo conjunto de vertentes contrárias à utilização de adubos químicos e de agrotóxicos nos processos produtivos. Esse movimento rebelde ficou conhecido como *agricultura alternativa*. Os adeptos daquelas ideias conseguiram chamar a atenção da opinião pública para os efeitos danosos do padrão moderno, como a erosão dos solos, a poluição das águas e a contaminação dos alimentos por resíduos de agroquímicos.

Na década de 1980, cresciam também as preocupações relacionadas à qualidade de vida e aos problemas ambientais globais, como a destruição da camada de ozônio, o aquecimento global, a dilapidação das florestas, entre outros. A necessidade de solucionar os complexos problemas nas relações entre o ambiente e o desenvolvimento levou ao surgimento da expressão *desenvolvimento sustentável*. Basicamente, essa expressão procura transmitir a ideia de que o desenvolvimento deve conciliar, por longos períodos, o crescimento econômico, o bem-estar social e a conservação dos recursos naturais. No final da década de 1980, essa noção já se espalhava por vários países tornando-se uma espécie de *ideal*, ou um novo *paradigma* da sociedade moderna.

No setor agropecuário, o qualificativo "sustentável" também passou a atrair o interesse de produtores e pesquisadores levando à consolidação da expressão que ficou internacionalmente conhecida como *agricultura sustentável*. Será que o surgimento dessa expressão indica que o atual padrão produtivo é insustentável? Não é fácil responder a essa questão sem esbarrar em uma série de suposições sobre os possíveis futuros da produção agrícola. O que se pode afirmar hoje, com muita certeza, é que a agricultura moderna chega ao início do século XXI com vários sintomas de fragilidade.

Mas, afinal, o que é a agricultura sustentável? Será um novo padrão produtivo capaz de garantir a conservação dos recursos naturais e, ao mesmo tempo, produzir alimentos de boa qualidade e em quantidade suficiente para alimentar uma população mundial que não para de crescer?

Desde o final dos anos 1980 proliferaram as tentativas de definir a agricultura sustentável. Quase todas expressam uma insatisfação com o *status quo* – isto é, com a forma pela qual a agricultura vem sendo praticada – e transmitem a ideia de um sistema produtivo que garanta:

1) manutenção a longo prazo dos recursos naturais e da produtividade agrícola, com o mínimo de impactos adversos ao ambiente;

2) otimização da produção das culturas com o mínimo de insumos químicos;

3) satisfação das necessidades humanas de alimentos;

4) atendimento das necessidades sociais das famílias e das comunidades rurais.

Para tanto, é bem provável que esse padrão combine princípios e práticas da agricultura moderna ou "convencional" e das vertentes alternativas,

O que é Agricultura Sustentável

assim como novos conhecimentos provenientes da pesquisa científica e da experiência dos agricultores.

Mesmo que tenhamos hoje muito mais clareza sobre o que é agricultura sustentável, isso não significa que ela seja uma prática corrente. O que se tem são exemplos isolados de sistemas de produção que podem ser considerados "mais sustentáveis" em relação a alguns critérios ambientais ou sociais. Mas a consolidação em larga escala desse paradigma é ainda um anseio, um objetivo de longo prazo, e as formas para atingi-lo são um enorme desafio para a humanidade.

O construtivo debate sobre a agricultura sustentável começou a provocar mudanças nas escolas de agronomia, nas fazendas, nos negócios, nas gôndolas dos supermercados. Fica claro que estamos diante de uma transição para um novo padrão produtivo. Essa transição poderá levar décadas, séculos, não se sabe. O importante é que ela já começou.

A AGRICULTURA MODERNA

Você consegue imaginar as ruas de Paris, de Londres ou de Roma repletas de pessoas famintas e esqueléticas? Parece difícil, mas há cerca de três séculos essa cena era muito comum em várias cidades europeias. No período do Renascimento, após a Idade Média, a fome era um problema gravíssimo que, junto com a peste, dizimou milhares de europeus. Não que hoje o problema da fome esteja resolvido. Ao contrário, cerca de um sexto da população mundial passa fome, principalmente nos países mais pobres da África. A diferença é que a fome nos nossos tempos está muito mais associada às desigualdades sociais e à falta de dinheiro para se comprar alimentos do que à capacidade de produzi-los. Na Idade Média, o problema era justamente a falta de alimentos para se adquirir.

Foi graças ao avanço da chamada agricultura moderna, nos séculos XVIII e XIX, que os produtos agropecuários começaram a abastecer os mercados e as feiras das cidades europeias. Atualmente, apesar de imensa a multidão de famintos no planeta, podemos dizer que a humanidade aprendeu a produzir alimentos em larga escala. Mas como se deu essa surpreendente transformação? É o que veremos a seguir.

O surgimento da agricultura moderna está associado a um período que ficou conhecido como *Primeira revolução agrícola*. Dizemos *revolução* porque foi a partir do século XVIII, em várias regiões da Europa, que ocorreu a aproximação das atividades agrícolas e pecuárias. Antes disso, desde as primeiras civilizações, essas atividades aconteciam separadamente. Esse "casamento" só se deu porque grandes levas de produtores passaram a cultivar plantas forrageiras, ou seja, pastagens para o gado.

As forragens eram plantadas alternadamente nas mesmas terras utilizadas para o plantio de outras culturas. Desse modo, o agricultor promovia o que chamamos de rotação de culturas, ou sistemas rotacionais. Além de servir de alimento para os animais, as forragens desempenhavam importante papel na melhoria da fertilidade dos solos, principalmente nos sistemas que empregavam plantas leguminosas, como os feijões, que são capazes de fixar o nitrogênio da atmosfera.

Essas práticas levaram à intensificação do uso da terra e ao gradual abandono do pousio, um sistema de produção no qual se deixa a terra "descansar" por algum tempo antes de ser reutilizada. O resultado da *Primeira revolução agrícola*, que deu origem à agricultura moderna, foi um enorme aumento da produção em diferentes regiões da Europa Ocidental. Na verdade, ela preparou o terreno para a Revolução Industrial, principalmente no que se refere ao abastecimento de alimentos para as cidades e de fibras para o emergente setor fabril.

Em meados do século XIX, o padrão produtivo da agricultura moderna era incrementado por uma série de inovações tecnológicas, a começar pelos adubos químicos. Na década de 1840, o químico alemão Justus von Liebig (1803-1873) formulou importantes teorias sobre o comportamento das substâncias minerais nos solos e nas plantas. Suas afirmações baseavam-se em experimentações laboratoriais, fato inovador para a sua época, tendo em vista que a experimentação científica, tal qual a conhecemos hoje, estava apenas engatinhando.

Liebig procurou mostrar que as práticas de fertilização orgânica eram desnecessárias para o crescimento das plantas. Ele afirmava que todas as exigências nutricionais dos vegetais poderiam ser supridas por um conjunto balanceado de substâncias químicas. E foram essas descobertas que deram início à adubação química na agricultura.

Suas ideias causaram um grande impacto, tanto no meio científico europeu como no setor produtivo. Afinal, Liebig contestava frontalmente o principal postulado agronômico de sua época: a "teoria húmica", um saber que baseara o cultivo da terra por quatro milênios. Desde os gregos e romanos até o século XIX, aceitava-se amplamente a visão aristotélica de que a nutrição dos vegetais se dá pelas raízes, que absorvem do solo partículas infinitamente pequenas constituídas, em grande parte, pelo mesmo material das plantas, ou seja, materiais orgânicos.

Nessa época, o entendimento sobre o comportamento da matéria orgânica nos solos era ainda muito incipiente e baseava-se mais em crenças do que em demonstrações científicas. Os opositores de Liebig dispunham de poucos fundamentos para contestar suas teorias e provar a importância das substâncias orgânicas na nutrição das plantas. Pelo menos até as descobertas do célebre pesquisador francês, Louis Pasteur (1822-1895), um dos principais opositores ao quimismo de Liebig.

Após anos de pesquisas, Pasteur conseguiu provar que os processos de fermentação do vinho e da cerveja não eram ocasionados simplesmente por reações químicas, como afirmava Liebig, mas pela ação de organismos vivos: as leveduras. Mais tarde, mostrou que os nutrientes utilizados pelas plantas, principalmente o carbono e o nitrogênio, são constantemente reciclados pela ação de microrganismos que vivem nos solos. Estes, por sua vez, dependem da matéria orgânica como fonte de nutrientes.

As descobertas de Pasteur foram determinantes para que, no início do século XX, houvesse mais fundamentos científicos para contrapor às teorias de Liebig e provar a importância da matéria orgânica para a agricultura. Mas não foram suficientes para frear o entusiasmo diante das ideias do químico alemão. Em meados do século XIX, os adubos inventados por Liebig representavam uma alternativa bastante atraente para os agricultores. Afinal, esses produtos possibilitaram a substituição da fertilização promovida pelas rotações de culturas e pelo esterco animal, tendo como principais vantagens a simplificação dos processos produtivos e o aumento da produtividade das lavouras. Além disso, o abandono das forrageiras cedia espaço para culturas mais rentáveis, como, por exemplo, os grãos.

Gradualmente, os fertilizantes orgânicos, que eram obtidos dentro da propriedade, foram sendo substituídos pelos fertilizantes químicos industriais.

Essa substituição foi viabilizada pelo grande interesse do setor industrial em ampliar as vendas de seus produtos. Aliás, o próprio Justus von Liebig tornou-se um produtor de fertilizantes químicos. Muitas indústrias empenharam-se em fazer propaganda contrária aos processos de fertilização orgânica procurando mostrar que se tratava de uma prática antiquada.

Os adubos químicos não foram os únicos insumos que passaram a ser produzidos pelo setor industrial. Os arados, inicialmente manufaturados em madeira pelos próprios agricultores ou por artesãos locais, começaram a ser fabricados em larga escala com ferro fundido, mais resistente, e com modelos adaptados a propósitos específicos. Nessa mesma fase, entre os anos de 1830 e 1850, a colheita de pequenos grãos e de capim, antes baseada no trabalho manual, passou a ser realizada por diversos tipos de colhedeiras mecânicas puxadas por cavalos.

Mesmo com essas mudanças profundas, a base energética da produção agrícola permaneceu praticamente inalterada durante a segunda metade do século XIX. Enquanto o setor manufatureiro utilizava máquinas a vapor, a agricultura continuava a empregar a força de cavalos ou mulas. Em verdade, na década de 1880, foram feitas várias tentativas de utilizar os motores a vapor nos processos produtivos,

O que é Agricultura Sustentável 19

mas a grande revolução só aconteceu com a introdução do motor de combustão interna.

Em 1882 fabricou-se nos Estados Unidos o primeiro trator movido a gasolina. Sua aceitação foi bastante lenta até que, em 1917, houve o lançamento do Fordson, fabricado por Henry Ford. No ano de 1925, sua fábrica vendeu 158 mil tratores Ford. Tinha início a chamada *motomecanização* da agricultura. Paulatinamente, o cavalo e sua fonte natural de energia, as forragens, foram substituídos por tratores movidos a gasolina, estabelecendo uma base energética comum entre a produção agrícola e a industrial.

Além dos adubos químicos, dos tratores e de seus implementos, os avanços da genética aplicada à agricultura foram fundamentais para o desenvolvimento da agricultura moderna. O surgimento da ciência genética está associado às descobertas do monge austríaco Johann Gregor Mendel (1822-1884). As primeiras teses de Mendel sobre a hereditariedade datam de 1865, mas, naquela época, seus estudos foram praticamente ignorados. Apenas na passagem para o século XX, seu trabalho foi reconhecido e Mendel passou a ser considerado o "criador" da genética.

As chamadas *leis mendelianas* desvendaram os principais fenômenos da hereditariedade mostrando, basicamente, que as características dos organismos são determinadas por pares de fatores (mais tarde denominados *genes*) que se unem durante a formação dos gametas. De certo modo, pode-se dizer que as descobertas de Mendel foram tão relevantes para a modernização da agricultura quanto as de Liebig.

Os estudos de Mendel facilitaram a prática da seleção de características desejáveis nas plantas, tais como: produtividade, resistência, constituição dos tecidos, estrutura e palatabilidade. Nas primeiras décadas do século XX, essa prática foi sendo incorporada por empresas que iniciaram a produção de sementes de variedades vegetais selecionadas e geneticamente melhoradas. Embora a seleção de linhagens e variedades vegetais fosse tão antiga quanto a própria agricultura, somente com as descobertas de Mendel foi possível, por volta de 1930, ter maior controle sobre a seleção de linhagens vegetais.

As variedades melhoradas, em conjunto com os fertilizantes químicos e a motomecanização, foram responsáveis por sensíveis aumentos no rendimento das lavouras. Contudo, a ênfase dada ao aumento de produtividade foi muito maior do que aquela dedicada a melhorar os fatores genéticos que condicionam a resistência e a proteção natural das plantas. Com isso, o número de pragas e doenças que atacavam as plantações também cresceu enormemente, abrindo um novo campo para o saber agronômico: o desenvolvimento de técnicas de proteção às plantas cultivadas.

Ainda em 1874 fora sintetizado o composto orgânico DDT, mas foi em 1939, na Suíça, que suas propriedades inseticidas foram descobertas. As duas Grandes Guerras Mundiais impulsionaram uma série de avanços tecnológicos que foram posteriormente adaptados para a produção de substâncias tóxicas às pragas e às doenças das plantas. Muitos compostos produzidos como armas químicas foram transformados em inseticidas, utilizados nas campanhas de saúde pública ou em agrotóxicos, para combater os inimigos das lavouras, como o composto 2,4,5-T, mais conhecido como agente laranja. Desenvolvido nos Estados Unidos durante a Segunda Guerra Mundial, na década de 1970 esse produto foi despejado sobre aldeias e plantações no território vietnamita provocando calamidades que são bastante conhecidas.

Com todas essas inovações, nas primeiras décadas do século XX configuravam-se condições ideais para a substituição de sistemas rotacionais e diversificados por sistemas que permitiam separar novamente a produção animal e vegetal. Nessa fase, os sistemas rotacionais integrados com a produção animal foram substituídos, em larga escala, por sistemas especializados, geralmente monoculturais, baseados no emprego crescente de insumos industriais, tais como os fertilizantes químicos, os agrotóxicos, os motores a combustão interna e as variedades vegetais de alto potencial produtivo.

Essas condições marcaram o declínio da estrutura de produção característica da *Primeira Revolução Agrícola* e o início de uma nova etapa da história da agricultura que ficou conhecida como a *Segunda Revolução Agrícola*. É esse padrão produtivo que vem sendo praticado nas últimas décadas e que elevou de forma exponencial os rendimentos físicos das lavouras, em níveis muito mais expressivos do que ocorrera durante a *Primeira Revolução Agrícola*.

No final da década de 1960, intensificou-se o ritmo das descobertas científicas e das inovações tecnológicas, especialmente no campo da genética aplicada à agricultura, culminando, na década de 1970, com um dos períodos de maiores transformações na história recente da agricultura e da agronomia: a chamada *Revolução Verde*.

Seu objetivo era promover a melhoria dos índices de produtividade agrícola, por meio da substituição dos moldes de produção locais, ou tradicionais, por um conjunto bem mais homogêneo de práticas tecnológicas. A base desse pacote tecnológico eram as variedades vegetais melhoradas, também chamadas de variedades "de alto rendimento", aptas a apresentar elevados níveis de produtividade desde que empregadas em conjunto com as demais práticas que compõem o padrão tecnológico da *Revolução Verde*.

O avanço da engenharia genética aplicada à agricultura foi, certamente, o ponto crucial da *Revolução Verde*. Esses avanços significaram não apenas maior independência em relação às condições naturais do meio, como também a possibilidade de modificar e controlar os processos biológicos que determinam o crescimento e o rendimento das plantas. Nos Estados Unidos, por exemplo, algumas variedades de trigo e de arroz chegaram a apresentar rendimentos cinco vezes superiores aos de variedades tradicionais.

Foi a *Revolução Verde* que espalhou para extensas áreas dos países subdesenvolvidos os sucessos do padrão que já era convencional na Europa, nos Estados Unidos e no Japão. Levava consigo, além do chamado pacote tecnológico, a esperança de resolver os problemas da fome. De fato, no que se refere ao aumento da produção total da agricultura, a *Revolução Verde* foi um sucesso. Basta lembrar que a população mundial triplicou entre os anos 1950 e 2000 e, mesmo assim, a produção de alimentos acompanhou esse gigantesco crescimento.

No Brasil, a euforia da *Revolução Verde* também contagiou o governo e os setores produtivos ligados à agropecuária. Afinal, a adoção desse padrão tecnológico significava, além do aumento da produção, a abertura de um extenso mercado de máquinas, implementos, sementes e insumos agroquímicos. A partir da década de 1960, o Estado criou uma série de instrumentos que asseguraram a implantação do modelo convencional. O setor oficial de pesquisa e ensino, por exemplo, passou a dedicar-se à adaptação e à validação do padrão tecnológico da *Revolução Verde*.

Outro instrumento fundamental foi a criação de linhas especiais de crédito agrícola. Essas linhas eram atreladas à compra de insumos agropecuários, ou seja, só conseguia dinheiro emprestado quem comprasse o conjunto de insumos do pacote tecnológico. Entretanto, as monoculturas de grãos, altamente moto-mecanizadas, exigem uma escala de produção mínima que a maioria dos produtores não podia atingir. Com o acesso ao crédito dificultado, muitos produtores familiares se viram obrigados a vender suas terras. A saída era migrar para os centros urbanos industrializados, principalmente Rio de Janeiro e São Paulo, em busca de algum emprego. E foi nessa fase que ocorreu um intenso processo de êxodo rural e de inchaço das grandes cidades.

Além dos problemas sociais, a modernização da agricultura brasileira provocou também graves problemas ambientais. A contaminação da água, dos alimentos e de muitos trabalhadores rurais, a destruição das florestas, a erosão dos solos ou mesmo desertificação de algumas áreas, tornaram-se problemas quase que inerentes à produção agrícola.

Aos poucos a euforia das "grandes safras", no Brasil e em outros países, cedia lugar a uma série de preocupações relacionadas aos seus impactos socioambientais e à sua viabilidade energética.

REVOLUÇÃO DUPLAMENTE VERDE?

Mais recentemente, a necessidade de aumentar a produção de alimentos tem motivado alguns pesquisadores a propor uma "revolução superverde" ou "duplamente verde". A ideia central é aproveitar ao máximo os avanços recentes da engenharia genética para gerar um "pacote tecnológico" ainda mais produtivo do que o da primeira *Revolução verde*. Para Gordon Conway, autor de *The doubly green revolution: food for all in the 21st century* e um dos principais defensores dessa proposta, a partir dos conhecimentos atuais é possível gerar variedades transgênicas, resistentes a pragas e a doenças, capazes de se desenvolver em solos salinizados ou de baixa fertilidade e muito mais eficientes no aproveitamento da luz solar, da água e dos nutrientes disponíveis.

É certo que as plantas transgênicas podem oferecer algumas vantagens agronômicas e gerar alimentos de alto teor nutritivo. Mas seu plantio também pode ampliar a dependência dos agricultores por outros insumos industriais necessários ao cultivo desses produtos. Além disso, as pesquisas nessa área estão apenas começando e pouco se sabe sobre seus possíveis impactos sobre a saúde e sobre o meio ambiente. É por isso que muitos países adotam o "princípio da precaução" e proíbem seu uso e comercialização.

Diante do duplo desafio de alimentar a humanidade e proteger a natureza, os defensores de uma revolução "duplamente verde" procuram mostrar que a única alternativa é a intensificação dos sistemas produtivos modernos. De fato, para produzir alimentos para aproximadamente 10 bilhões de pessoas não será suficiente ampliar a área atualmente cultivada. O problema é que os defensores dessa proposta não apontam evidências consistentes de que essas novas tecnologias podem evitar as externalidades negativas provocadas pelos sistemas agropecuários. Se olharmos a história recente da *Revolução verde* não podemos descartar o risco de que a intensificação desse padrão ampliaria os impactos ambientais provocados pela produção agropecuária.

A FRAGILIDADE DA AGRICULTURA MODERNA

Os impactos ambientais e a ineficiência energética são apontados como os principais fatores que podem tornar insustentáveis os atuais sistemas de produção agrícola. E por mais que a agricultura moderna tenha gerado tecnologias mais avançadas, o cultivo da terra continua a depender de processos biológicos e de limites naturais.

A modernização da agricultura parece ter sido cercada de um otimismo excessivo por parte de agrônomos e economistas ao avaliarem nossa capacidade de superar os limites da natureza. A diversificação dos sistemas produtivos foi substituída pela especialização, como uma tentativa de alcançar maior eficiência e racionalidade nos processos produtivos. Acreditava-se que as monoculturas, altamente mecanizadas e baseadas no emprego intensivo de insumos químicos e genéticos funcionariam como verdadeiras fábricas a céu aberto, e a produção de alimentos seguiria a lógica das "linhas de montagem", como qualquer outro produto industrializado.

Todavia, logo se percebeu que essa transposição simplista não tinha o menor fundamento científico. Ao contrário do que ocorre na indústria, o desempenho da agricultura é influenciado por limites naturais, os quais não podem ser facilmente controlados. Ficou evidente que a substituição de ecossistemas complexos e diversificados por sistemas produtivos extremamente simplificados provoca uma série de impactos econômicos e ambientais. Nesses sistemas, sobretudo nas monoculturas de grãos, os agricultores são obrigados a recorrer a técnicas intensivas para manter as condições necessárias ao desenvolvimento vegetal. O potencial regulador que era exercido pelo próprio ecossistema foi substituído por fontes exógenas de nutrientes e de energia, geralmente originárias de combustíveis fósseis.

Se retomarmos o processo de modernização, veremos que a substituição dos sistemas de rotação com alta diversidade cultural por sistemas simplificados ou monoculturais afetou drasticamente a estabilidade ecológica da produção agrícola. Isso influiu tanto no equilíbrio físico, químico e biológico dos solos como na suscetibilidade das lavouras ao ataque de pragas e doenças, principalmente em áreas caracterizadas por elevada diversidade, como é o caso das regiões tropicais.

Os solos desgastados pelos métodos convencionais tornaram-se mais exigentes em fertilizantes químicos e as pragas desenvolveram resistência aos agrotóxicos, obrigando os agricultores a aplicá-los em quantidades cada vez maiores. Esse ciclo, bastante comum na agricultura moderna, provoca uma série de impactos nos agroecossistemas. O uso abusivo desses insumos significou para os sistemas produtivos não apenas a diminuição da eficiência energética, mas também o aumento dos custos de produção, principalmente após a crise do petróleo, em 1973.

Nas últimas décadas surgiu uma vasta literatura mostrando os graves problemas da agricultura moderna, mas foi somente em 1989, com a publicação de *Alternative agriculture*, um extenso relatório de pesquisa elaborado pelo Conselho Nacional de Pesquisa dos Estados Unidos, que essas preocupações passaram a ser mais aceitas no meio científico. Esse estudo mostrou os principais impactos ambientais decorrentes das atividades agrícolas nos Estados Unidos, como a erosão dos solos e a contaminação dos recursos hídricos.

Nas fazendas convencionais, os solos são manejados intensivamente com máquinas pesadas e o resultado, muitas vezes, é a degradação da estrutura física e a compactação. A água das chuvas, ao encontrar uma superfície compactada, não consegue penetrar e escorre levando consigo a camada superficial do solo e uma série de nutrientes. A frequente ausência de curvas-de-nível em terrenos declivosos e a manutenção dos solos "limpos" ou descobertos complementam os fatores que favorecem os processos erosivos, principalmente nos trópicos, onde as chuvas são mais intensas.

Em várias partes do planeta, a erosão continua a consumir toneladas de solos férteis. No Brasil, perdas de 25 toneladas de solo por hectare a cada ano são muito frequentes. Esse material polui as águas, provoca o assoreamento dos rios e diminui a vida útil das usinas hidrelétricas. Outro problema grave é que nos solos compactados a porosidade e a circulação do ar e da água também são reduzidas. Esse fator, somado à diminuição dos teores de matéria orgânica e de outros nutrientes em função da erosão e da manutenção dos solos descobertos, revolvidos e expostos ao sol forte, praticamente inviabiliza a existência de microrganismos. Como se sabe, bactérias, fungos, insetos e minhocas desempenham, dentre outras funções, um papel fundamental na reciclagem de nutrientes para as plantas. O resultado de todos esses fatores é uma sensível diminuição da produtividade dos solos, remediada pelos agricultores com novas aplicações de fertilizantes químicos.

Além do material erodido, os resíduos de agrotóxicos também são fontes de poluição para os cursos d'água. As deficiências nutricionais das plantas, aliadas ao aparecimento de pragas resistentes aos agroquímicos, à diminuição dos inimigos naturais e à baixa diversidade dos agroecossistemas, que implica menor estabilidade, têm sido os principais responsáveis pelo uso crescente de agrotóxicos nas lavouras.

Muitas substâncias tóxicas utilizadas na agricultura podem causar câncer e mutações genéticas no homem e nos animais. Quando esses problemas se tornaram mais conhecidos, as empresas produtoras de agroquímicos logo rebateram as críticas aos efeitos danosos de seus insumos procurando mostrar que os problemas ambientais e de contaminação humana são decorrentes do uso inadequado ou da não-observância das normas técnicas de aplicação dos agrotóxicos.

Outro impacto muito conhecido é a degradação das florestas. A expansão da fronteira agrícola é, geralmente, apontada como a principal responsável pela derrubada da cobertura florestal. Foi o que aconteceu no passado com grande parte da Mata Atlântica e do Cerrado, e é o que vemos hoje na região amazônica, particularmente devido à expansão das pastagens e do plantio de soja.

No que se refere à eficiência energética, pode-se dizer que, inicialmente, os sistemas modernos mostraram-se muito produtivos e rentáveis. Mas, a partir dos anos 1970, sua elevada demanda por recursos naturais não-renováveis, como o petróleo, passou a chamar a atenção de ambientalistas e de pesquisadores. Alguns estudos mostraram que o balanço energético de grande parte dos sistemas agrícolas convencionais é negativo. Ou seja, a quantidade de energia que entra no sistema na forma de insumos é maior do que a energia que sai na forma de alimentos ou de fibras.

Mas será que a ineficiência energética e os problemas ambientais são suficientes para dizer que a agricultura praticada hoje é insustentável? Não é fácil responder a essa pergunta. De um lado, alguns impactos ambientais por ela provocados são irreversíveis – como os severos processos de desertificação ou de salinização dos solos – e sua progressão poderia inviabilizar alguns sistemas produtivos. Por outro lado, grande parte dos problemas são tecnicamente reversíveis, e poderiam ser atenuados pelo uso de práticas menos nocivas.

Caso a contaminação por agrotóxicos e a erosão mantenham os ritmos atuais, é bem provável que os sistemas produtivos não consigam manter sua estabilidade ecológica. E, mesmo que os principais efeitos adversos do padrão convencional venham a ser atenuados ou até solucionados, restaria ainda outro problema: as projeções que relacionam as reservas de recursos naturais e as taxas de utilização desses recursos pela agricultura não são nada otimistas, principalmente no que se refere ao abastecimento energético da agricultura. Afinal, a matriz energética do setor agropecuário baseia-se nos combustíveis fósseis de fontes não-renováveis que, como se sabe, têm seus dias contados.

Ainda assim, seria prematuro afirmar que, do ponto de vista ambiental, o padrão convencional será insustentável. Ainda que se conheça as limitações dos combustíveis fósseis, não se sabe se as fontes alternativas de energia terão um papel relevante para a sustentabilidade dos sistemas agrícolas. Pelo visto, qualquer afirmação contundente sobre a insustentabilidade da produção agrícola corre o risco de ser precipitada, pois não se sabe como a agricultura será praticada nas próximas décadas, especialmente diante da crescente pressão da opinião pública e das legislações ambientais, tanto em relação à salubridade dos alimentos quanto à adoção de medidas mais compatíveis com a conservação dos recursos naturais.

O que se pode afirmar é que a produção agrícola chega ao início do século XXI com fortes indícios de *fragilidade*, tendo cada vez mais presente o desafio de ampliar a produção de alimentos para uma população que não para de crescer.

Os movimentos rebeldes

Nova Iorque, início dos anos 1960. O jovem Claude Hooper Bukowski preparava suas malas para uma longa viagem. Em poucos dias, Claude partiria para os campos de batalha do Vietnã. Alguns amigos, contrários à guerra e indignados com a sua partida, fizeram de tudo para que ele não embarcasse, e conseguiram.

Em verdade, Claude é um dos personagens centrais da ópera-pop *Hair*, que fez muito sucesso na década de 1970. Mas sua história dá uma boa noção do que se passava no início dos anos 1960 nos Estados Unidos: de um lado, milhares de jovens embarcavam para a Guerra do Vietnã, de outro, um exército de jovens rebeldes saía às ruas em nome da "paz e do amor".

Aos poucos, os ideais rebeldes se espalhavam por várias partes do planeta. Embalada pelas canções dos Beatles, pela irreverência dos Rolling Stones, a "juventude transviada", com seus cabelos compridos e roupas coloridas, se rebelava contra costumes e valores morais da época. Esse ambiente contestatório dos anos 1960 provocou uma enorme reviravolta em diferentes segmentos da sociedade: a chamada *contracultura*.

A contracultura colocava em questão vários aspectos comportamentais da sociedade moderna e reforçou outros movimentos como o feminismo, o ambientalismo, a luta contra o racismo, entre outros. Reforçou também o movimento estudantil que, em maio de 1968 – mesmo ano em que os Beatles lançavam a música *Revolution* –, mostrava sua força nas ruas de Paris e na famosa Primavera de Praga.

No Brasil, o Tropicalismo e os Novos Baianos davam o tom da contracultura. Mas, assim como em outros países da América Latina, esse período coincidiu com os anos de ditadura militar. A repressão do regime se sobrepunha à ousadia do Tropicalismo e aos ideais políticos da esquerda. Lado a lado, conviviam a euforia do milagre econômico e da conquista da Copa do Mundo de 1970 com a saudade *por tanta gente que partiu*, como dizia a canção interpretada por Elis Regina.

Mas o que isso tem a ver com a agricultura? Em vários países, o caráter rebelde da contracultura estimulou o questionamento sobre o desenvolvimento do industrialismo. Discutia-se a hipótese de que seria possível reduzir drasticamente os níveis de produção e de consumo, adotando-se estilos de vida mais simples ou mais naturais. Essas ideias ampliaram a discussão sobre o uso exagerado de recursos naturais e sobre os impactos ambientais da produção agrícola e industrial.

No início dos anos 1960 surgiram vários estudos sobre os efeitos danosos dos agrotóxicos ao ambiente e à saúde humana. Eram fortes os indícios de que os alimentos e a água estavam sendo contaminados por uma série de produtos químicos utilizados na agricultura e no processamento de alguns alimentos.

Dentre as contestações que marcaram o início do questionamento sobre o uso de agrotóxicos, uma delas teve um papel fundamental: a publicação, em 1962, de *Silent spring* (*Primavera silenciosa*), da bióloga norte-americana Rachel Carson. Ela denunciou os graves impactos ambientais que vinham sendo provocados pelo uso indiscriminado de substâncias tóxicas na agricultura e acabou provocando reações nada silenciosas. Na verdade seu livro foi uma espécie de alarme para a opinião pública, para governos e para o setor industrial ligado à agricultura.

Em pouco tempo, *Primavera silenciosa* tornou-se não somente um *best-seller*, mas um dos principais alicerces do pensamento ambientalista em várias partes do mundo. Depois de *Primavera silenciosa* outros pesquisadores mostraram que, em níveis variados, quase toda a população mundial apresentava resíduos de agrotóxicos, seja pelo contato direto durante sua aplicação nas lavouras, seja pela ingestão de alimentos e de água contaminada. Nem mesmo o leite materno escapou dessa contaminação, e em vários países foram constatados níveis de resíduos bem acima do permitido pela lei.

Aos poucos, na Europa e nos Estados Unidos, a opinião pública foi tomando conhecimento dos riscos que a utilização daqueles produtos representava à saúde pública e ao ambiente. Ao saber desses problemas, muita gente alterou radicalmente seus hábitos alimentares, negando o padrão de consumo convencional (enlatados, gorduras, carboidratos em excesso etc.) e buscando uma dieta mais natural, baseada em alimentos livres de resíduos químicos industriais (como agrotóxicos, corantes e conservantes).

As organizações ambientalistas e as associações de proteção aos consumidores começaram a pressionar os órgãos governamentais para que adotassem medidas de restrição ao uso de agrotóxicos. Nos Estados Unidos, por exemplo, em 1972 a recém-criada Agência de Proteção Ambiental (EPA) suspendeu o uso agrícola de vários produtos considerados perigosos à saúde. A luta contra o inseticida DDT foi a que mais mobilizou a opinião pública.

As críticas de Carson foram sucedidas por outros trabalhos que igualmente relacionavam a degradação ambiental e o desenvolvimento do industrialismo. Essas ideias ganharam suporte técnico com a publicação, pelo Clube de Roma, do livro *The limits to growth* (1972), estudo que utilizou simulações computadorizadas para analisar as tendências da população global, o uso dos recursos e a poluição, traçando cenários desastrosos para o futuro da humanidade.

Diante da ameaça de um colapso ambiental, não tardaram a aparecer modelos de sociedades alternativas à sociedade industrial moderna. Ernest Schumacker, por exemplo, – autor de *Small is beautiful* (1973) – julgava inevitável o colapso das sociedades modernas caso não houvesse uma reorientação para um modelo de vida compatível "com as verdadeiras necessidades do homem". Essas ideias certamente influenciaram o surgimento de inúmeras "comunidades alternativas" em diferentes partes do planeta.

No início dos anos 1970 surgiram mais evidências sobre os efeitos adversos da agricultura moderna e crescia a procura por alimentos mais saudáveis, livres de resíduos de agrotóxicos. Nesse contexto, fortaleceu-se um movimento contrário ao padrão químico, que se concentrava em torno de um amplo conjunto de propostas alternativas. Foi esse movimento que ficou conhecido como *agricultura alternativa*. Mas a origem de algumas propostas alternativas é bem anterior aos anos 1970. Vamos conhecer um pouco da história desse movimento rebelde e entender por que ele merece esse apelido.

No início do século XX, em meio à euforia com os adubos químicos inventados por Liebig, a fertilização orgânica, isto é, com esterco de animais e com restos vegetais, era considerada uma prática ultrapassada. Mesmo assim, resistia uma minoria de pesquisadores e de grupos isolados de produtores que ainda valorizavam essa prática, bem como o potencial biológico dos processos produtivos.

Nas décadas de 1920 e 1930 surgiram os primeiros grupos organizados dando evidências de que duas correntes de pensamento distintas estavam sendo geradas dentro do saber agronômico: a alternativa e a convencional. Os alternativos, ou rebeldes, podem ser agrupados em quatro grandes vertentes: na Europa, a *agricultura biodinâmica*, a *agricultura orgânica* e a *agricultura biológica* e, no Japão, a *agricultura natural*.

A AGRICULTURA BIODINÂMICA

Em 1924, o filósofo austríaco Rudolf Steiner (1861-1925) – criador da *Antroposofia*, um movimento filosófico com aplicações práticas em diferentes campos como a pedagogia, a medicina, a farmacologia e a agricultura – proferiu um ciclo de palestras sobre agricultura. O conteúdo desse ciclo deu origem a um sistema de produção que, mais tarde, seria denominado *agricultura biodinâmica*.

A biodinâmica expandiu-se rapidamente por vários países da Europa e nos Estados Unidos. Na Suíça e na Alemanha ela ganhou maior expressão, tornando-se uma das principais vertentes alternativas. Seu crescimento estava associado, principalmente, ao aumento do número de consumidores interessados em adquirir alimentos de melhor qualidade nutritiva. Em 1934, foi fundada na Alemanha a Cooperativa Agrícola Demeter, que ainda comercializa os produtos biodinâmicos com essa marca.

Uma das principais características do movimento biodinâmico é a ideia de que a propriedade agrícola deve ser entendida como uma espécie de *organismo* autônomo ou autosuficiente. Além desse princípio, as propriedades orientadas por esse sistema seguem as seguintes práticas: (a) a interação entre a produção animal e a produção vegetal; (b) o respeito ao *calendário biodinâmico*, que indica as melhores fases astrológicas para a semeadura e demais etapas do cultivo agrícola; (c) a utilização de *preparados biodinâmicos*, que são compostos líquidos elaborados a partir de substâncias minerais, vegetais e animais, que visam reativar as *forças vitais* dos solos.

A AGRICULTURA ORGÂNICA

Outra vertente importante é a chamada agricultura orgânica, que teve como principal ponto de partida as ideias do pesquisador inglês Sir Albert Howard, atualmente considerado o "pai da agricultura orgânica". Entre 1925 e 1930, Howard trabalhou na Índia, onde estudou várias práticas agrícolas nativas. Observou que, mesmo sem utilizar adubos químicos, os sistemas produtivos hindus apresentavam alta produtividade e baixa incidência de doenças. A partir de suas pesquisas, Howard concluiu que o fator essencial para a saúde das plantas e dos animais era a fertilidade dos solos, obtida por meio da incorporação de resíduos da fazenda transformados em húmus, processo que chamou de compostagem.

Em 1919, antes de sua passagem pela Índia, Howard havia lançado suas propostas sobre o cultivo das lavouras sem o uso de insumos químicos. Mais tarde, em 1940, publicou *An agricultural testament*, uma das mais relevantes referências bibliográficas para pesquisadores e praticantes desse modelo. Em Londres, as ideias de Howard foram muito mal recebidas por seus colegas, pois, naquela época, era gran-

O que é Agricultura Sustentável 43

de o entusiasmo com o sucesso dos adubos químicos. Suas propostas só foram aceitas por um grupo muito reduzido de dissidentes do padrão predominante, dentre os quais se destacava o norte-americano Jerome Irving Rodale. Foi Rodale quem passou a praticar os ensinamentos e a divulgar as ideias de Howard nos Estados Unidos.

Em 1984, o Departamento de Agricultura dos Estados Unidos (USDA) publicava um relatório de pesquisa no qual reconheceu as vantagens da agricultura orgânica em relação aos métodos convencionais no tocante ao seu balanço energético e à conservação dos recursos naturais.

A revisão dos legados científicos sobre o tema permite destacar as práticas geralmente empregadas pelos produtores orgânicos. São estas: (1) integração da produção animal e vegetal; (2) uso de rações e forragens obtidas no local ou adquiridas de fornecedores orgânicos; (3) consorciações e rotações de culturas; (4) uso de variedades adaptadas às condições locais do clima e dos solos (condições edafoclimáticas); (5) adubação verde; (6) introdução de "quebra-ventos"; (7) uso de biofertilizantes; (8) reciclagem dos materiais orgânicos gerados na unidade de produção agrícola; e (9) manutenção de cobertura vegetal, viva ou morta, sobre o solo. Em geral, o emprego dessas práticas diminui radicalmente a incidência de pragas e de doenças nas lavouras. Mas quando medidas curativas se fazem necessárias os agricultores orgânicos utilizam: (10) a prática da alelopatia; (11) produtos naturais de baixa toxicidade; (12) o controle biológico.

Obviamente essa dúzia de práticas não deve ser entendida como um cardápio a partir do qual se seleciona a alternativa mais vantajosa, pois a agricultura orgânica não é uma simples substituição de práticas predatórias por práticas mais limpas. Prioriza-se o manejo integrado de toda a unidade produtiva, considerando-se os diversos fatores que compõem o agroecossistema. O resultado, em geral, é uma significativa contribuição para a manutenção dos ecossistemas e para uma grande quantidade de serviços ecológicos.

A AGRICULTURA BIOLÓGICA

No início dos anos 1930, pouco depois de Steiner e Howard lançarem suas propostas, o suíço Hans-Peter Müller formulava as bases de mais um modelo produtivo rebelde: o *organo-biológico*. Os aspectos econômicos e sociais eram a base da proposta de Müller, que se preocupava com a autonomia dos produtores e com os sistemas de comercialização direta aos consumidores. Suas ideias permaneceram

O que é Agricultura Sustentável   45

latentes por cerca de três décadas até que, nos anos 1960, o médico alemão Hans Peter Rush, interessado nas relações entre dieta alimentar e saúde humana, sistematizou e difundiu as propostas de Müller.

Na década de 1960, a agricultura organo-biológica atendia os anseios básicos do movimento ambientalista emergente: a proteção ambiental, a qualidade dos alimentos e a procura de fontes energéticas renováveis. Müller e Rush consideravam essencial o uso da matéria orgânica nos processos produtivos, mas não restringiam sua proveniência à produção animal, como propunha Howard. Sugeriam que a agricultura deveria fazer uso de várias fontes de matéria orgânica, provenientes do meio urbano ou rural. Recomendavam também a incorporação de rochas moídas ao solo, já que estas se decompõem mais lentamente que os adubos solúveis e não são facilmente levadas pelas chuvas. Dessa forma, Müller e Rush contrapõem-se à noção da autonomia completa da propriedade agrícola ou de um "organismo", como pensava Steiner. A propriedade agrícola deveria integrar-se com as demais propriedades e com o conjunto de atividades socioeconômicas regionais.

Essas ideias difundiram-se inicialmente na Alemanha, levando à criação da *Bioladen*, associação voltada à produção de alimentos biológicos. Na Suíça, formaram-se as *Cooperativas Müller* e na França a Associação *Nature et Progrès*. Foi na França que a vertente organo-biológica mais se desenvolveu, tornando-se mais conhecida como *agricultura biológica*. No entanto, deve-se ressaltar que, mesmo tendo sido inspirada nas ideias de Müller e Rush, a expressão "agricultura biológica" passaria a abrigar as diversas vertentes alternativas, inclusive a biodinâmica e a orgânica. Ou seja, a agricultura biológica, na França, adquiriu o mesmo significado que a agricultura alternativa em geral.

Na década de 1970, um dos principais expoentes da agricultura biológica foi o pesquisador Claude Aubert. Em 1974, Aubert publicava *L'Agriculture biologique*, mais uma crítica veemente contra o padrão convencional, especialmente no que se refere à perda da qualidade nutritiva dos alimentos. Nessa obra, também divulgava a essência desse padrão produtivo: a saúde das plantas e, portanto, dos alimentos, se dá por meio da manutenção da "saúde" dos solos.

Claude Aubert foi fortemente influenciado por Steiner, Howard e também pelo biólogo francês Francis Chaboussou. Chaboussou é responsável por uma das mais relevantes contribuições científicas para os movimentos rebeldes: a teoria da *trofobiose* (*trofhe*, do grego, exprime a ideia de nutrição, alimentação). Seus experimentos mostraram uma correla-

O que é Agricultura Sustentável   47

ção muito estreita entre a intensidade de ataques de parasitas e o estado nutricional das plantas.

Chaboussou verificou que as principais fontes alimentares dos predadores e parasitas das plantas são substâncias de alta solubilidade presentes nos tecidos vegetais como, por exemplo, açúcares solúveis, aminoácidos livres e oligoelementos (elementos de que as plantas precisam em pequenas quantidades, tais como: ferro, manganês, cobre, zinco, boro, molibdênio, cloro, cobalto). A aplicação de agrotóxicos provoca nas plantas um estado de desordem metabólica que desregula os mecanismos de síntese e de quebra de proteínas nos tecidos vegetais (proteossíntese e proteólise). Em consequência, sobram nutrientes na seiva das plantas.

Muitos insetos, ácaros, fungos e bactérias conseguem escapar da ação dos agrotóxicos e adquirem resistência a esses produtos após sucessivas aplicações. Esses sobreviventes passam a sugar das plantas uma seiva "enriquecida" com substâncias nutritivas, que viabiliza a rápida proliferação das pragas e doenças. É esse processo que Chaboussou chamou de *trofobiose*.

Com essa teoria, Chaboussou mostrou que grande parte das moléstias das plantas são iatrogênicas, ou seja, se originam do tratamento de outras doenças. Em suma, os trabalhos de Chaboussou revelam que mais importante do que combater as pragas é cuidar da nutrição das plantas. Os próprios agricultores foram percebendo os efeitos danosos provocados pelos cuidados fitossanitários excessivos. E essa constatação, aliada às preocupações com o ambiente, contribuiu para o fortalecimento da agricultura biológica na França.

A AGRICULTURA NATURAL

Enquanto isso, por volta de 1935, no Japão, Mokiti Okada criava um movimento religioso que tem como um dos seus alicerces a chamada *agricultura natural*. Okada acreditava que o culto à arte e o consumo de alimentos naturais, livres de impurezas, eram essenciais para a purificação do corpo e do espírito. Um dos princípios fundamentais da vertente natural é o de que as atividades agrícolas devem respeitar as leis da natureza.

Mesmo confinada a círculos restritos, a *agricultura natural* difundiu-se pelo Japão e por outros países do Ocidente, tornando-se uma das principais vertentes alternativas. À primeira vista, as propostas técnicas da agricultura natural parecem muito semelhantes às da agricultura orgânica, o que invalidaria classificá-la como uma vertente distinta. No entanto, um dos aspectos que justifica essa separação é que, mesmo defendendo a reciclagem de matéria orgânica nos processos produtivos, a agricultura natural é bastante reticente quanto ao uso de matéria orgânica de origem animal. De acordo com os seus princípios, os excrementos de animais podem conter impurezas e, em muitos casos, seu uso é desaconselhado. A restrição a esse recurso impulsionou não apenas o desenvolvimento de técnicas para compostagem de vegetais, como também a utilização de microrganismos que auxiliam os processos de decomposição e melhoram a qualidade dos compostos, duas importantes características da *agricultura natural*.

A ASCENSÃO DO MOVIMENTO ALTERNATIVO

Durante décadas esses quatro movimentos foram hostilizados tanto pela comunidade científica como pelo setor produtivo e se mantiveram à margem do cenário agrícola mundial, pode-se até dizer, em verdadeiros guetos. Nos anos 1950, todas as práticas alternativas eram rotuladas simplesmente como retrógradas e sem validade científica. E foi apenas nos anos 1970 que adquiriram maior expressão, firmando-se como uma forte reação ao padrão agrícola convencional.

Também faziam parte do movimento alternativo outras propostas como: *agricultura ecológica*, *agricultura ecologicamente apropriada*, *agricultura regenerativa*, *permacultura*, *low-input agriculture*, *renovável*, entre outras, que são variantes das quatro vertentes citadas ou denominações recentes de uso restrito. Ou, ainda, a *agroecologia*, uma disciplina científica que estuda os agroecossistemas e que, a partir dos anos 1980, na América Latina, passou a ser empregada em alguns círculos para designar uma prática agrícola propriamente dita.

Em suma, o que há de comum a todas essas escolas, propostas e vertentes rebeldes é o objetivo de desenvolver uma agricultura *ambientalmente correta, socialmente justa e economicamente viável*. Um dos princípios básicos desse movimento é a diminuição dos agroquímicos e a valorização dos processos biológicos e vegetativos nos sistemas produtivos. Quanto às práticas agrícolas, todas defendem a revalorização da adubação orgânica, seja ela de origem vegetal ou animal, do plantio consorciado, da rotação de culturas e do controle biológico das pragas.

No Brasil, o movimento alternativo teve seus primeiros desdobramentos na década de 1970. Em meio ao ambiente contestatório da contracultura, intelectuais, estudantes e políticos progressistas questionavam o tratamento dado à questão agrária e a estratégia de "modernização" que vinha sendo implementada com o apoio do governo militar. Discutiam-

-se, também, os impactos sociais, econômicos e ambientais da intensificação do padrão convencional.

No início dos anos 1970 chegavam ao país as principais vertentes do movimento alternativo internacional. Em 1972, foi implantada no interior de São Paulo a Estância Demétria, que até os dias de hoje segue os princípios da agricultura biodinâmica. Os questionamentos sobre os impactos ambientais da agricultura moderna partiram de pesquisadores e de ambientalistas como o engenheiro agrônomo José Lutzenberger.

Lutzenberger foi um dos principais precursores do movimento alternativo no Brasil. Em 1976 lançou o *Manifesto ecológico brasileiro: fim do futuro?*, uma crítica severa aos problemas ecológicos causados pelo industrialismo, incluindo a agricultura convencional. De certo modo, pode-se dizer que o *Manifesto ecológico* foi a *Primavera silenciosa* da agricultura alternativa no Brasil, e muitos profissionais, pesquisadores e produtores foram influenciados por Lutzenberger.

Nas escolas de agronomia e nos órgãos públicos de pesquisa e extensão, as ideias de Lutzenberger e de outros intelectuais alternativos não surtiram muito efeito. Ao contrário, chegavam a ser hostilizadas ou mesmo ridicularizadas, principalmente por acadêmicos convictos do sucesso do padrão convencional ou por entidades representativas do setor agroquímico. Lunáticos, retrógrados e defensores de uma volta romântica ao passado foram algumas qualificações que os alternativos se acostumaram a ouvir no intenso e construtivo debate travado a partir dos anos 1970 entre as duas principais correntes do pensamento agronômico.

Mas, nos anos 1980, essa situação começou a mudar. Afinal, eram cada vez mais evidentes os problemas energéticos, econômicos e ambientais da agricultura convencional. Foi nessa década também que surgiram dezenas de organizações não-governamentais empenhadas em divulgar as propostas alternativas e chamar a atenção para os problemas decorrentes da agricultura moderna. Não há dúvida de que a atuação dessas organizações ajudou a despertar o interesse de pesquisadores do setor público e impulsionou importantes avanços no campo legislativo. Como, por exemplo, a legislação sobre agrotóxicos aprovada em 1989 pelo Congresso Nacional.

Apesar do crescimento das vertentes alternativas, os avanços desse movimento, no Brasil e em outros países, não foram suficientes para frear os impactos ambientais da modernização agrícola. Na prática, o que se viu a partir dos anos 1970 foi o rápido crescimento do padrão moderno, convencional ou clássico, particularmente nos países do Terceiro

O que é Agricultura Sustentável 53

Mundo e, consequentemente, o agravamento dos danos ambientais.

Mesmo assim pode-se dizer que o movimento alternativo provocou significativos impactos em alguns campos do conhecimento científico agronômico, em particular nos principais órgãos de pesquisa dos países avançados. Vários exemplos comprovam que, desde meados da década de 1980, os métodos alternativos vêm despertando a curiosidade de profissionais interessados em práticas culturais que melhorem a eficiência dos sistemas produtivos e diminuam os impactos sobre o ambiente. Até mesmo a eficiência econômica, antes considerada um ponto fraco das vertentes alternativas, passou a ser vista com outros olhos depois que o Conselho Nacional de Pesquisa dos Estados Unidos afirmou que os sistemas produtivos alternativos podem reduzir os custos de produção e ser tão rentáveis quanto os sistemas convencionais.

Aos poucos, a *hostilidade* em relação às práticas alternativas foi se transformando em *curiosidade* e, como veremos, essa mudança de postura foi crucial para o surgimento da agricultura sustentável.

O IDEAL DA SUSTENTABILIDADE

Em meados dos anos 1980, a crescente preocupação com a qualidade de vida no planeta e com os problemas ambientais globais – como a dilapidação das florestas tropicais, as chuvas ácidas, a destruição da camada de ozônio e as mudanças climáticas – levaram ao surgimento de um novo paradigma das sociedades modernas: *a sustentabilidade*. Não que as reflexões sobre esses problemas fossem uma novidade, mas nessa fase essa discussão adquiriu proporções muito maiores, ganhando amplo espaço na mídia.

Em 1972, realizou-se em Estocolmo a Primeira Conferência das Nações Unidas sobre o Meio Ambiente Humano. Após essa reunião, sucederam-se várias outras sobre os direitos a uma alimentação adequada, boas condições de moradia, água potável, acesso aos meios de planejamento familiar, dentre outras. Mas foi em 1980 que o documento intitulado *World Conservation Strategy* abordou, pela primeira vez em uma publicação de amplo alcance, a ideia da *sustentabilidade*.

Em 1987, a Comissão Mundial sobre Meio Ambiente e Desenvolvimento publicava *Nosso futuro comum*, o famoso *Relatório Brundtland*, que ajudou a disseminar o ideal de um *desenvolvimento sustentável* para várias partes do planeta, principalmente no chamado Primeiro Mundo. A Conferência das Nações Unidas sobre Meio Ambiente e Desenvolvimento, a Eco-92, reafirmou esse ideal.

Desde o final dos anos 1980 têm surgido as mais variadas definições e explicações sobre o *desenvolvimento sustentável* e, aos poucos, a expressão foi se tornando uma espécie de *slogan*, um clichê, cujo significado pode variar de acordo com o contexto em que está sendo empregado. Essa elasticidade tem permitido abrigar as mais diferentes visões acerca do crescimento econômico e da utilização dos recursos naturais, gerando uma série de dúvidas, não apenas conceituais, mas, principalmente, relativas às implicações práticas dessa noção.

A dificuldade em se estabelecer critérios para a sustentabilidade da economia ou da sociedade, como exige a ideia de desenvolvimento sustentável, não é gratuita. Ainda mais se levarmos em conta que não existe sequer um consenso sobre o próprio *desenvolvimento*. Mesmo assim, atualmente aceita-se que a noção de sustentabilidade sugere um tipo de crescimento econômico que atenda as necessidades desta e das próximas gerações e que conserve os recursos naturais, ou seja, deve ser algo benigno para o ambiente e para a sociedade durante longos períodos. Mas que necessidades são essas? As dos países mais industrializados com elevado padrão de consumo ou as dos países pobres, cujo consumo beira os limites da subsistência? Muito mais do que uma resposta aos problemas contemporâneos do industrialismo, essa noção lança uma série de dúvidas e de desafios.

Fica evidente que as reflexões sobre o desenvolvimento sustentável não esbarram apenas em embaraços conceituais, mas envolvem uma discussão mais ampla, filosófica e científica que passa inclusive pelo questionamento das atuais utopias sociais, particularmente o industrialismo. Em vez de uma mudança de paradigma tecnológico, o que está em dúvida é a própria noção de desenvolvimento, e a adoção do qualificativo "sustentável" não indica simplesmente a necessidade de aperfeiçoar essa noção, mas, ao contrário, de reconhecer o crescente esgotamento do industrialismo e a necessidade de sua superação.

Na agricultura, o qualificativo "sustentável" também passou a atrair a atenção de um número crescente de produtores e de pesquisadores dispostos a repensar os rumos da produção. A fragilidade do padrão convencional face aos problemas energéticos e ambientais, aliada à curiosidade sobre os métodos alternativos e à crescente pressão da opinião pública sobre os órgãos governamentais responsáveis pela salubridade dos alimentos e pela defesa do ambiente, contribuiu para a rápida consolidação da expressão que se tornou internacionalmente conhecida como *agricultura sustentável*.

É fácil perceber que esse crescente interesse indica o desejo de um novo padrão tecnológico que garanta a segurança alimentar e que não agrida o ambiente, servindo, portanto, para explicitar uma insatisfação com a agricultura moderna. Mas, afinal, quais são as características básicas desse novo padrão produtivo? Será que a noção de agricultura sustentável é simplesmente uma nova expressão para designar as tendências antes contidas na chamada agricultura alternativa? Ou, ao contrário, a crescente popularidade dessa expressão estaria refletindo a necessidade de evolução da própria agricultura convencional como resposta aos seus problemas econômicos e ambientais?

Vamos investigar o que se entende por agricultura sustentável, baseando-se, principalmente, na experiência norte-americana, pois, além de berço do padrão convencional, essa é uma das nações que mais tem se preocupado com a sustentabilidade de sua agricultura.

A CONCEPÇÃO DA AGRICULTURA SUSTENTÁVEL

A década de 1980 representou para agricultura norte-americana um período de profundas mudanças. Em uma escala sem precedentes, novos grupos e diferentes ideias passaram a influenciar as políticas públicas agrícolas. Muitos agricultores e pesquisadores começaram a repensar as práticas, os objetivos e as consequências do modelo convencional. A necessidade urgente de conciliar a produção, a conservação ambiental e a viabilidade econômica da agricultura foi amplamente reconhecida como uma prioridade inegável.

A adesão de alguns pesquisadores – das ciências naturais e sociais – ao movimento alternativo teve alguns desdobramentos importantes no âmbito da ciência e da tecnologia. É o caso, por exemplo, da *agroecologia*, uma disciplina científica que estuda os agroecossistemas, ou seja, as relações ecológicas que ocorrem em um sistema agrícola. Em verdade, a agroecologia já fazia parte de alguns cursos de agronomia há algumas décadas, mas foi nos anos 1980 que passou por uma enorme expansão.

No final dos anos 1970, ampliaram-se as pesquisas em ecossistemas tropicais, direcionando as atenções para os impactos ecológicos provocados pela expansão das monoculturas em áreas caracterizadas por extraordinária complexidade e biodiversidade. Igualmente, cresceu o interesse por pesquisas com sistemas de produção tradicionais, especialmente aqueles praticados por populações indígenas. Aos poucos, os componentes sociais relacionados à produção foram se tornando cada vez mais presentes nos projetos de pesquisa e nas publicações científicas.

Em meados dos anos 1980, a agroecologia já se firmava no interior do sistema de pesquisa norte-americano, tendo como um de seus expoentes o pesquisador Miguel Altieri. Com base em seus estudos de campo, principalmente em países da América Latina, Altieri propõe o desenvolvimento de técnicas que conciliem a atividade agrícola e a manutenção das características naturais e ecológicas do ambiente, sem desprezar os componentes sociais e econômicos. As adaptações da atividade agrícola ao meio, e não o contrário, como apregoava a *Revolução Verde*, constituem um dos campos básicos da pesquisa agroecologica.

O interesse em investigar a correlação entre os diversos componentes de um agroecossistema – o chamado *enfoque sistêmico* – foi, provavelmente, um dos fatores que mais contribuiu para a rápida divulgação da agroecologia na América Latina e nos Estados Unidos, particularmente na Califórnia. De certo modo, a agroecologia passou a ser uma espécie de contraponto à agronomia convencional, pouco acostumada a integrar seus diferentes campos de conhecimentos.

Certamente a valorização da agroecologia contribuiu para que os ventos da sustentabilidade soprassem sobre os principais órgãos de pesquisa agronômica norte-americanos, cerne da agronomia convencional. Nessas organizações crescia o interesse por práticas culturais capazes de reduzir a utilização de insumos, os impactos sobre o ambiente e, simultaneamente, melhorar a eficiência energética. Mesmo no tradicional Departamento de Agricultura (USDA), um grupo interdisciplinar de pesquisadores foi incumbido de estudar a agricultura orgânica nos Estados Unidos e na Europa. Essa pesquisa culminou com a publicação de um relatório bastante favorável aos métodos orgânicos.

Em 1984, outra renomada organização, o Conselho Nacional de Pesquisa dos Estados Unidos (NRC), também instituiu um comitê para estudar o desempenho de propriedades alternativas. Esse grupo de pesquisadores foi bastante favorável aos métodos alternativos, concluindo que são viáveis do ponto de vista econômico, garantem bons níveis de produtividade e minimizam os danos ambientais.

Os resultados desse trabalho foram publicados em 1989 com o título *Agricultura alternativa*, um livro que desafiou muita gente a repensar os princípios do conhecimento convencional e os dogmas científicos contemporâneos. Essa publicação foi um importante reconhecimento da pesquisa oficial e, sem dúvida, contribuiu significativamente para que as práticas alternativas, antes desprezadas, adquirissem um novo *status* no interior da comunidade agronômica.

Além disso, provavelmente como uma estratégia involuntária, havia um esforço daqueles grupos em propor novos termos e definições mais aceitáveis nos meios produtivo, político e científico, e que levassem, pelo menos, a contemplar um de seus objetivos: a redução do uso de agroquímicos. Nessa estratégia incluía-se também a noção de sustentabilidade.

Aos poucos, a nata agronômica de vários países incorporava a noção de sustentabilidade como uma espécie de objetivo comum. Basta checar a proliferação de conferências científicas, políticas, cursos, programas e centros de pesquisas que surgiram com esse emblema. Seu forte simbolismo tornava-se comparável ao de outros ícones da sociedade moderna, como a liberdade, a democracia ou a justiça social. Afinal, quem poderia ser contra a sustentabilidade da atividade que garante a manutenção da própria espécie?

A mudança de postura (de certa forma, surpreendente) provocada pela noção de sustentabilidade também repercutiu na política agrícola norte-americana. A lei agrícola de 1985, por exemplo (nos Estados Unidos o Congresso aprova uma nova lei agrícola a cada 5 anos), se preocupou, muito mais do que as anteriores, em reduzir os efeitos adversos da agricultura convencional, principalmente a erosão dos solos.

Em 1990 a *Food, Agriculture, Conservation, and Trade Act of 1990* determinou que o USDA deveria promover programas de pesquisa, educação e extensão voltados à agricultura sustentável. Incorporou também incentivos às rotações de culturas, compatíveis com a conservação de recursos naturais. Pela primeira vez, preocupações ambientais foram inseridas no cerne da política agrícola norte-americana.

Todos esses fatores contribuíram para a aceitação e para a divulgação da expressão "agricultura sustentável". E, entre as razões que explicam essa nova atitude no meio da pesquisa agropecuária certamente pode-se relacionar, além da fragilidade do padrão moderno, a crescente pressão social, particularmente das organizações não-governamentais, sobre os problemas ambientais e sobre a salubridade dos alimentos. O papel do movimento alternativo nesse processo foi crucial, não apenas por informar a opinião pública, mas também por mostrar, com alguns resultados práticos, novas possibilidades para a produção agrícola.

Até mesmo setores tradicionalmente avessos às questões ambientais e críticos aos métodos alternativos passaram a defender a legitimidade da agricultura sustentável. E, no final da década de 1980, o ideal da sustentabilidade já havia se espalhado, com diferentes intensidades, por vários países, emergindo como a possível solução para os complexos problemas na relação entre ambiente e desenvolvimento. Organismos internacionais, como a Organização das Nações Unidas para a Agricultura e Alimentação (FAO) e o Banco Mundial, também apoiaram a disseminação do novo ideal.

Esse crescente interesse ampliou o debate sobre os possíveis futuros da produção agrícola e, ao mesmo tempo, fez surgir um grande número de definições e de explicações sobre a expressão agricultura sustentável.

DEFINIÇÕES

Referências ao termo "sustentável" (originário do latim, *sus-tenere*) em relação ao uso da terra, dos recursos bióticos, florestais e dos recursos pesqueiros, são anteriores à década de 1980. Mas é a partir de meados daquela década que a expressão "agricultura sustentável" passa a ser empregada com maior frequência, assumindo também dimensões econômicas e socioambientais.

A literatura oferece dezenas de definições para a agricultura sustentável, e entre essas, as mais aceitas e usuais são aquelas publicadas por organizações internacionais influentes, como a FAO, o Conselho Nacional de Pesquisa dos Estados Unidos e o Departamento de Agricultura. Em suma, quase todas associam a sustentabilidade aos seguintes critérios: manutenção a longo prazo dos recursos naturais e da produtividade agrícola; mínimo de impactos adversos ao ambiente; retornos adequados aos produtores; otimização da produção das culturas com o mínimo de insumos químicos; satisfação das necessidades humanas de alimentos; e atendimento das necessidades sociais das famílias e das comunidades rurais.

No que se refere às práticas agrícolas, grande parte das definições inclui a redução do uso de agrotóxicos e de fertilizantes solúveis; o aproveitamento da biomassa; o controle da erosão dos solos; a diversificação e a rotação de culturas; a integração da produção animal e vegetal; a busca de novas fontes de energia, entre outras práticas.

Muitos consideram a agricultura sustentável uma expressão "guarda-chuva" que permite abrigar todas as formas de agricultura que diferem da convencional. No entanto, aceitar a agricultura sustentável como um sinônimo da agricultura alternativa seria ignorar vários problemas. Se a capacidade de atendimento da demanda alimentar em larga escala for considerada um dos critérios que caracterizam a agricultura sustentável, a agricultura alternativa estaria, pelo menos a curto prazo, excluída. Sua contribuição mais efetiva tem sido a geração de práticas culturais que, além de melhorar a eficiência dos sistemas produtivos, alimentam o construtivo debate sobre os possíveis futuros da produção agrícola.

Pelo visto, o amplo conjunto de definições e de explicações disponíveis sobre a agricultura sustentável já dá uma boa noção sobre as suas características básicas. O mais difícil agora é acertar os caminhos que levarão a esse ideal.

AS VEREDAS DA TRANSIÇÃO

Tudo indica que a agricultura sustentável será uma evolução do atual modelo de produção agrícola, já que combinará elementos da agricultura convencional e da alternativa. Certamente, o novo padrão não constituirá um conjunto bem definido de práticas, como foi o chamado pacote tecnológico da *Revolução Verde*, pois cada agroecossistema apresenta características distintas e requer práticas e manejos específicos. Mesmo assim, alguns caminhos que levarão a esse novo padrão já se tornam mais evidentes: a substituição de sistemas simplificados por sistemas mais diversificados; a reorientação da pesquisa científica; o fortalecimento da agricultura familiar; e a pressão dos consumidores por alimentos mais saudáveis.

DIVERSIFICAÇÃO X MONOCULTURA

Desde que Tansley cunhou o termo "ecossistema", em 1935, para se referir a uma combinação de comunidades de plantas e animais, muitos ecologistas têm tentado comprovar a relação entre diversidade biológica e estabilidade dos ecossistemas. Sabe-se atualmente que quanto maior o número de espécies presentes em um determinado ecossistema, maior será o número de interações entre os seus componentes e, consequentemente, a estabilidade tenderá a aumentar, ou seja, *"a estabilidade é função direta da diversidade"*. Os agroecossistemas diversificados tendem a absorver mais facilmente as perturbações externas, pois os impactos são dissipados entre seus vários componentes. Desse modo, tendem a ser mais duradouros.

Do ponto de vista ecológico, os sistemas agrícolas muito simplificados, cujo extremo são as monoculturas, são caracterizados pela baixa estabilidade e por um aproveitamento desequilibrado dos recursos disponíveis – água, luz, nutrientes etc. Nesses sistemas, os fatores desestabilizadores são amplificados, levando os agricultores a empregar técnicas intensivas que visam assegurar as condições necessárias ao desenvolvimento das lavouras. Grande parte dessas técnicas foi desenvolvida para combater os efeitos e não as causas do desequilíbrio provocado pela excessiva simplificação dos agroecossistemas. De certo modo, a agricultura moderna substituiu o potencial regulador realizado naturalmente pela diversidade, por fontes exógenas de nutrientes e de energia.

Existem diferentes meios de se promover a diversificação de um agroecossistema, desde a simples consorciação entre duas culturas até os complexos sistemas de agrossilvicultura, que visam à convivência de espécies florestais nativas com culturas de interesse comercial. O desafio, portanto, é conhecer não apenas as características dos agroecossistemas, como também as formas mais apropriadas de diversificá-los. Nesse campo, já existe algum acúmulo de conhecimentos que permite vislumbrar algumas *veredas da transição* à agricultura sustentável.

As rotações de culturas têm se apresentado como um excelente meio de manter a diversidade e, portanto, a estabilidade de um ecossistema. Por meio do plantio intercalado, os agricultores beneficiam-se da capacidade dos sistemas de cultivo de reutilizar seus próprios estoques de nutrientes. A tendência de algumas culturas de exaurir o solo é contrabalançada por meio do cultivo intercalado de outras espécies que enriquecem o solo com matéria orgânica. O consorciamento de distintas espécies também ajuda a criar habitats para os inimigos naturais das pragas, bem como hospedeiros alternativos para as mesmas. Isso ajuda na prevenção de pragas evitando sua proliferação entre indivíduos da mesma espécie, que ali se encontram relativamente isolados uns dos outros.

Sempre que duas ou mais espécies são intercaladas, as interações resultantes podem ter efeitos mutuamente benéficos, reduzindo efetivamente a necessidade de insumos externos. Nas consorciações e nas rotações de culturas, os recursos disponíveis – água, nutrientes, luz, entre outros – são utilizados de forma mais eficiente. Aliadas ao retorno de matéria orgânica ao solo, esses sistemas contribuem para manter sua estrutura física, ajudam a reduzir a erosão e, consequentemente, melhoram a fertilidade dos solos. A combinação desses fatores leva, invariavelmente, a aumentos de produtividade das lavouras.

Ao mesmo tempo, os sistemas diversificados diminuem muito a necessidade de insumos externos, como os agrotóxicos e os fertilizantes nitrogenados. Possibilitam, desse modo, a eliminação de uma parte significativa dos gastos de investimento e de custeio necessários à manutenção do padrão tecnológico moderno.

Outra forma de diversificação dos sistemas produtivos é a introdução de sistemas agroflorestais ou agrosilvicultura. Consiste em um sistema de manejo florestal que visa conciliar a produção agrícola e a manutenção das espécies nativas, por meio de capinas seletivas das espécies que já cumpriram seu papel fisiológico na sucessão, e podas de rejuvenescimento para revigorar e acelerar o sistema produtivo. Em várias partes do país a adoção desses sistemas tem demonstrado vantagens econômicas e ambientais em relação aos sistemas de cultivo convencionais, cuja longevidade depende do emprego elevado de insumos industriais. Em quase todas as experiências observa-se o aumento de matéria orgânica nos solos, a redução da erosão laminar e em sulcos e o aumento da diversidade de espécies. Nos casos em que as matas ciliares (ou ripárias) são recuperadas verifica-se, também, a diminuição da turgidez da água e o aumento da disponibilidade de recursos hídricos.

O que é Agricultura Sustentável

As vantagens ecológicas dos sistemas produtivos diversificados são geralmente acompanhadas por vantagens econômicas: além da redução da compra de insumos, os sistemas diversificados propiciam colheitas de diferentes cultivos em épocas alternadas do ano. Assim, os ingressos de renda agrícola são distribuídos de forma mais homogênea durante o período. A quebra de uma safra, ou a queda de preço de uma determinada cultura, não causa tantos problemas quanto nas propriedades monoculturais, e os riscos de falência são muito menores. A estratégia de minimizar os riscos por meio do cultivo de várias espécies e variedades de plantas estabiliza a produtividade a longo prazo, promove a diversidade do regime alimentar e maximiza os retornos com baixos níveis de investimento em insumos.

Na maioria dos casos, a diversificação resulta em menores volumes de colheita por produto, mas o rendimento total por hectare é, com frequência, mais alto em policultivos do que nas monoculturas. Essa vantagem é geralmente calculada pelo Índice Equivalente de Terra (IET), que expressa a área de monocultivo necessária para produzir a igual quantidade de um hectare de policultivo, utilizando-se a mesma população de plantas. Se o IET é maior do que um, o policultivo resultará em maior produtividade.

Isso se refere ao balanço econômico interno do sistema produtivo, mas há que se levar em conta que as atividades agropecuárias geram externalidades negativas (por exemplo, a poluição de rios e de mananciais), cujos custos são integralmente repassados à sociedade. Nos sistemas diversificados e consorciados essas externalidades também são reduzidas.

Essas evidências mostram que o avanço em direção a sistemas produtivos sustentáveis poderá depender da substituição da especialização pela diversificação, por meio de rotações de cultura e de sistemas que integrem policultura e pecuária. Ao menos parece ser essa a saída para os sistemas de cultivos anuais, principalmente para o setor produtor de grãos.

Mas é certo que uma transição para sistemas rotacionais não ocorrerá espontaneamente. Depende, em grande parte, da adoção de políticas públicas que estimulem essas práticas e que restrinjam as atividades prejudiciais ao ambiente. Nesse sentido, é fundamental a pressão de organizações não-governamentais, sejam elas agro-ambientalistas ou de defesa dos direitos dos consumidores, sobre os órgãos públicos responsáveis pela implementação legal dessas medidas.

Apesar de haver fortes indícios que comprovam as vantagens agronômicas e econômicas dos sistemas rotacionais diversificados, a maioria dos incentivos governamentais continua sendo direcionada para as regiões e para as fazendas altamente especializadas. De forma indireta, esses incentivos, sem os quais as fazendas especializadas não se manteriam, desestimulam as rotações e aumentam a necessidade de recursos externos. No Brasil, essa demanda ainda não penetrou a esfera das políticas agrícolas de amplo alcance. O incentivo à diversificação e à rotação de culturas tem partido muito mais das organizações não governamentais do que dos órgãos governamentais.

REORIENTAÇÃO DA PESQUISA

Outro aspecto fundamental nesse processo de transição é a necessidade de reorientação da pesquisa agropecuária. Durante todo o século XX, o padrão convencional acumulou vasto conhecimento científico e tecnológico e, apesar de criticado por seu especifismo, é inegável que seus avanços foram cruciais para garantir a segurança alimentar de grande parte da humanidade.

No entanto, conciliar a segurança alimentar e a conservação dos recursos naturais, como exige a noção de sustentabilidade, demandará um conhecimento que integre o saber específico da agronomia convencional com o conhecimento sistêmico, isto é, que permita integrar os diversos componentes de um agroecossistema.

A adoção de sistemas rotacionais que integrem a agricultura e a pecuária, uma das prováveis bases do padrão sustentável, será muito mais exigente em conhecimento científico do que os atuais sistemas monoculturais. Não se trata, portanto, de uma *volta ao passado*, ou de um retrocesso ao padrão produtivo que caracterizou a *Primeira Revolução Agrícola*, mas sim de um objetivo que depende de uma série de mudanças para que venha a se concretizar.

Certamente, o desenvolvimento científico nessa área exigirá esforços muito maiores do que aqueles investidos na viabilização científica do padrão convencional, já que se trata de uma proposta bem mais complexa do ponto de vista metodológico. É bem provável que muitos elementos desse "conhecimento sustentável" já existam, e a chave parece ser a pesquisa agroecológica, baseada nas experiências exitosas e na incorporação dos conhecimentos acumulados pelos agricultores. Isso implica que a construção desse novo paradigma demandará disponibilidade e aptidão para se transpor os limites do saber específico e assumir perspectivas *interdisciplinares*.

AGRICULTURA FAMILIAR

Na transição a um padrão sustentável será imprescindível a adoção de políticas públicas que promovam a expansão e o fortalecimento da *agricultura familiar*. Pouca gente sabe que, nos Estados Unidos, na Alemanha, no Japão e em outros países ricos do planeta, inclusive nos Tigres Asiáticos, a base social do desenvolvimento agrícola – e, consequentemente, do crescimento econômico – foi a empresa familiar.

Os sistemas produtivos baseados no trabalho familiar são um contraponto à chamada agricultura patronal, caracterizada pelas unidades produtivas de grande porte e pelo emprego de mão-de-obra assalariada ou volante. Você pode pensar que o favorecimento da produção familiar provocaria graves problemas de desemprego no campo. Mas é importante ter em mente que no Brasil esse segmento é responsável por três em cada quatro postos de trabalho agrícolas, e que o número de estabelecimentos familiares é aproximadamente dez vezes maior do que o de estabelecimentos patronais. Portanto, o potencial de manter postos de trabalho já existentes e de gerar novos empregos, melhorando a distribuição de renda, é muito maior na agricultura familiar.

A estratégia modernizadora adotada no Brasil e em outros países "em desenvolvimento" priorizou as propriedades patronais, consideradas mais adequadas para a implantação do padrão convencional. A agricultura familiar foi relegada a segundo plano, principalmente no que se refere a incentivos e acesso a crédito. Mesmo assim essas propriedades – que ocupam 25% da área cultivada no Brasil – superam as propriedades patronais – que ocupam 75% da área – no que diz respeito à oferta agropecuária de quase todos os produtos importantes que chegam às nossas mesas. Aproximadamente 70% dos alimentos que consumimos são provenientes das unidades produtivas familiares.

O fortalecimento da agricultura familiar passa, necessariamente, por políticas de crédito, de preços, pela melhoria das estradas etc. Mas um dos pontos fundamentais para o seu estabelecimento é a promoção da educação no meio rural. Não apenas o ensino técnico, mas principalmente a educação formal. É bem provável que o padrão sustentável venha a ser muito mais exigente em conhecimento do que o padrão convencional, e a educação, nesse caso, será um insumo fundamental.

Na transição para sistemas sustentáveis, a produção familiar apresenta uma série de vantagens, seja pela sua escala – geralmente menor–, pela maior capacidade gerencial, pela sua flexibilidade e, sobretudo, por sua maior aptidão para diversificação das culturas. Assim como o desenvolvimento dos países industrializados esteve fortemente atrelado à agricultura familiar, é difícil pensar em um padrão sustentável cuja base social não seja a empresa familiar.

O PAPEL DOS CONSUMIDORES

Finalmente, um dos caminhos fundamentais na transição a um padrão sustentável parece ser a pressão social por uma agricultura mais limpa, que conserve os recursos naturais e produza alimentos mais saudáveis. A influência dos movimentos organizados da sociedade civil tem permitido inserir essa demanda na esfera governamental, levando à adoção de políticas públicas e de legislações que aceleram avanços nessa direção.

Em vários países as políticas públicas relacionadas ao uso dos solos ou à qualidade dos alimentos já vêm reagindo às novas exigências sociais. Nos países mais pobres essa discussão está apenas começando. Nesse caso, o desafio é muito maior, pois além dos problemas ambientais há que se resolver graves problemas de desigualdade social, fome e miséria em que se encontram centenas de milhões de pessoas. Há, portanto, que se combater a pobreza, sem esquecer a responsabilidade de conservar os recursos naturais. E é certo que isso não ocorrerá se as políticas públicas não incorporarem o ideal da sustentabilidade.

Onde a fome e a miséria já foram superadas os consumidores começam a exercer um papel importante no direcionamento dos sistemas produtivos. Afinal, as incertezas diante dos efeitos provocados pelos resíduos de agroquímicos ou pelos produtos geneticamente modificados contribuíram para um expressivo crescimento do consumo de alimentos limpos. Soma-se a isso o desejo cada vez mais presente de uma alimentação mais leve e mais saudável.

Em todo o planeta, o contingente de obesos já é maior do que a população desnutrida, estimada em 800 milhões de habitantes. A farta diversidade e disponibilidade de alimentos processados contribuíram para isso. Nas últimas décadas os incríveis avanços da engenharia de alimentos geraram produtos cada vez mais práticos e atraentes para uma espécie cuja evolução sempre priorizou a seleção de alimentos com elevada densidade de energia.

O aumento da produção mundial de açúcares e de gorduras e a relativa redução de seus preços facilitaram o acesso de muita gente aos alimentos processados, ampliando, também, a incidência de diabetes e de doenças cardiovasculares. Com um dólar americano é possível comprar 1 200 calorias na forma de biscoitos ou de batatas fritas. Se a opção for por produtos não-processados, como frutas ou legumes, com esse mesmo valor leva-se para casa aproximadamente 250 calorias. Além do mais, as calorias dos processados são as que oferecem maior recompensa neurobiológica.

A tendência de se adotar hábitos alimentares mais saudáveis ampliou a procura por alimentos com menos calorias, com baixos teores de gordura e por produtos certificados, como os orgânicos, biodinâmicos ou naturais. Esses produtos têm de seguir rigorosamente a legislação ambiental e trabalhista, além de obedecer às normas estabelecidas pelas certificadoras. Devem oferecer aos consumidores a certeza de adquirir um alimento de melhor qualidade nutritiva, cujo processo produtivo foi "ambientalmente equilibrado" e "socialmente justo". No Brasil atuam aproximadamente vinte dessas certificadoras; umas mais fieis aos ideais da agricultura alternativa, outras bem mais flexíveis. Desde 2007, o setor é regido por legislação específica (o Decreto nº 6323) que estabeleceu critérios para todo sistema de produção, desde o plantio até o ponto de venda.

Provavelmente, a agricultura sustentável não será uma simples ampliação da área cultivada pelos métodos alternativos de produção. Mas é inegável que o crescimento do consumo de produtos certificados, principalmente no mercado internacional, deve acelerar uma produção mais limpa e tornar mais evidente o importante papel que os consumidores podem desempenhar na transição ao ideal da sustentabilidade.

Apenas um objetivo?

As diferentes tendências entre os que debatem a relação entre a produção agrícola e a conservação ambiental parecem concordar que a agricultura sustentável é nos dias de hoje um anseio, um objetivo a ser atingido. O que varia, e muito, é a expectativa em relação ao teor das mudanças contidas nesse objetivo e, consequentemente, o prazo para seu estabelecimento.

Em vários países, o conflito de interesses tem sido uma característica comum às discussões sobre a agricultura sustentável. Como visto, essa noção abrange um amplo leque de visões que permite abrigar desde setores mais conservadores, que se contentariam com simples ajustes no atual sistema de produção, até aqueles que veem nessa noção a possibilidade de promover mudanças estruturais em todo o sistema alimentar.

Para as tendências mais conservadoras, na qual se inserem as empresas produtoras de insumos, a noção de agricultura sustentável é quase um sinônimo do padrão convencional, porém praticado de maneira mais "racional". Esse novo padrão seria um conjunto de práticas bem definidas, que podem ser julgadas como mais ou menos sustentáveis conforme as previsões sobre a durabilidade dos recursos naturais que utilizam. Para essa vertente, a redução do uso de insumos industriais, a aplicação mais eficiente ou mesmo a substituição dos agroquímicos por insumos biológicos ou biotecnológicos seriam suficientes

O que é Agricultura Sustentável 81

para a consolidação do novo paradigma. Nesse caso, a agricultura sustentável é algo bem mais palpável, isto é, um objetivo de curto prazo.

Para a outra corrente, na qual se agrupam as organizações não-governamentais, a agricultura sustentável é vista como uma possibilidade de se promover transformações sociais, econômicas e ambientais em todo o sistema agroalimentar. A erradicação da fome e da miséria no meio rural, a promoção de melhorias na qualidade de vida para milhões de pessoas, ou mesmo a consolidação de uma ética social mais igualitária, são alguns dos desafios contidos na expressão "agricultura sustentável".

Trata-se, portanto, de uma noção bem mais ambiciosa que se junta às grandes utopias modernas, como a *liberdade*, a *democracia* ou a *justiça social*. A *sustentabilidade* estaria agora sendo agregada a esse conjunto de anseios e só pode ser entendida como um *objetivo*, certamente, de longo prazo.

Essa visão deixa claro que, por enquanto, mais do que um pacote bem definido de práticas, a noção de agricultura sustentável dispõe de um conjunto de desafios. E apesar dos esforços para converter esse objetivo em realidade, sabemos que as soluções para os complexos problemas da agricultura não são nada triviais.

É verdade que muitos sistemas orgânicos, biodinâmicos e naturais já conseguem unir elevada produtividade e conservação ambiental, levando à suposição de que a consolidação da agricultura sustentável depende apenas da ampliação da área cultivada pelas vertentes alternativas. Isso não significa, porém, que esses sistemas poderiam substituir, pelo menos a curto prazo, o papel da agricultura convencional, principalmente quanto ao volume de produção de alimentos, de fibras e de biocombustíveis.

Seria precipitado afirmar, com base nas experiências bem-sucedidas que se conhece atualmente, que os sistemas alternativos podem ser extrapolados para uma escala muito maior, sem incorrer em problemas até então desconhecidos. Já está cada vez mais evidente que é possível banir grande parte dos agrotóxicos sem prejudicar a produtividade das lavouras. Mas será viável substituir os fertilizantes químicos amplamente utilizados no planeta pela fertilização orgânica? Por enquanto, essa e outras questões permanecem sem resposta, pois um dos principais limites que separa o desejo e a prática da sustentabilidade é, como já mencionado, o conhecimento, em particular, o conhecimento agroecológico.

Além disso, seria ingênuo achar que, repentinamente, grandes levas de produtores abandonariam sistemas rentáveis no curto prazo, adotando

O que é Agricultura Sustentável

sistemas mais complexos do ponto de vista administrativo e que só trariam resultados a longo prazo. Por enquanto, há poucos estímulos governamentais para que a iniciativa privada substitua a lógica comercial das monoculturas pelos policultivos rotacionais.

Como afirma o Nobel de economia Douglass North, as sociedades são "prisioneiras" dos caminhos escolhidos no passado. No século XX, praticamente toda a pesquisa, o ensino e a extensão rural foram direcionados para o desenvolvimento do padrão monocultural. Uma conversão para sistemas produtivos mais diversificados exigiria vultosos investimentos em pesquisa e um amplo processo de reeducação dos produtores.

Enquanto isso, a necessidade de se obter segurança alimentar para uma população que não para de crescer continuará legitimando os sistemas produtivos de estímulos econômicos de curto prazo, o que impedirá o desaparecimento dos seus efeitos ambientais adversos. Ou seja, permanecerão predominando os sistemas produtivos que não levam em conta o cuidado com o meio ambiente e com as gerações futuras.

De qualquer forma, é possível afirmar que as experiências exitosas na conservação dos recursos naturais (convencionais ou alternativas), aliadas a novos conhecimentos que surgirão da pesquisa científica, especialmente no campo da agroecologia, serão as principais responsáveis pela transição a um padrão sustentável. Mesmo que ainda haja um longo caminho a percorrer.

CONCLUSÕES
IV

As diversas definições sobre a agricultura sustentável expressam o desejo de um novo padrão produtivo que não agrida o ambiente e que garanta a segurança alimentar de toda a população mundial. Se mantidos os atuais níveis de crescimento demográfico, em 2050 seremos aproximadamente 10 bilhões de habitantes. Alimentar toda essa gente e conservar os recursos naturais será, certamente, um dos maiores desafios da história da humanidade.

A vasta gama de transformações estruturais (na economia, na sociedade e nas relações com os recursos naturais) que estão contidas na noção de agricultura sustentável deixam claro que ainda há um longo caminho até a consolidação desse paradigma. Mas as inúmeras manifestações em torno dessa noção evidenciam uma mudança de pensamento em curso, iniciado nos anos 1970 – quando foram retomadas as ideias de Rachel Carson sobre o alto custo energético da agricultura – e intensificado, nos anos 1980, em função da degradação ambiental e da necessidade de redução dos insumos, principalmente agroquímicos.

Após o extenso período caracterizado pelos pousios, sucedidos pelos sistemas rotacionais e mistos da *Primeira Revolução Agrícola* e, finalmente, pelo padrão produtivo disseminado pela *Revolução Verde*, é provável que a agricultura sustentável venha a ser considerada uma nova fase na história da dinâmica do uso da terra. Nela, o uso abusivo de insumos industriais e de energia fóssil deverá ser substituído pelo emprego elevado de conhecimento ecológico.

Trata-se, portanto, de um processo de *transição*, cuja duração é ainda incerta. Nesse processo, um dos caminhos fundamentais é a pressão da sociedade civil para que o ideal da sustentabilidade penetre a esfera do poder público. É dessa forma que surgirão programas, leis e incentivos que promovam, em larga escala, avanços nessa direção. Os outros – certamente não os únicos – são: a substituição dos sistemas produtivos simplificados, ou monoculturais, por sistemas rotacionais diversificados; a reorientação da pesquisa agropecuária para um enfoque sistê-

O que é Agricultura Sustentável

mico; a adoção de políticas públicas que promovam o fortalecimento e a expansão da agricultura familiar; e o interesse dos consumidores por produtos mais saudáveis.

Se essas suposições sobre a consolidação de um padrão sustentável estiverem corretas, não podemos cruzar os braços e esperar que os governos e as grandes instituições internacionais façam alguma coisa. Afinal, as transformações sociais dependem de mudanças de atitudes e de hábitos de cada um de nós.

SUGESTÕES PARA LEITURA

Se você está interessado em saber mais sobre os avanços da agricultura orgânica, sobre os produtores, as certificadoras e as publicações sobre o tema, consulte na internet as páginas: www.planetaorganico.com.br ou www.portalorganico.com.br.

Para quem tem interesse em estudar mais profundamente as origens e as perspectivas da agricultura sustentável a sugestão é consultar livros e artigos de autores que se tornaram referência nessa área: Ademar Ribeiro Romeiro, Charles Benbrook, David Pimentel, Gordon Conway, José Eli da Veiga e Ricardo Abramovay. Se você tem interesse nas questões técnicas sobre a agroecologia, consulte as publicações de Miguel Altieri e de Steven Gliessman.

E para entender as recentes mudanças nos hábitos alimentares e as principais tendências de consumo, nada melhor do que os livros de Warren Belasco e Michael Pollan.

Sobre o autor

Eduardo Ehlers é diretor de graduação do Centro Universitário Senac, em São Paulo. Formado em engenharia agronômica pela Universidade de São Paulo, concluiu seu mestrado sobre agricultura sustentável em 1994 no programa de pós-graduação em Ciência Ambiental da Universidade de São Paulo. Em 2003 doutorou-se pelo mesmo programa com tese sobre desenvolvimento rural.

Trabalhou no serviço de apoio local da Fundação Interamericana (IAF), organização do governo norte-americano que apoia projetos de desenvolvimento na América Latina. Em 1995 começou sua carreira no Senac São Paulo como professor, foi coordenador do curso de Gestão Ambiental e diretor de Extensão Universitária. Desde 1997 é professor de pós-graduação da Fundação Getúlio Vargas – FGV na área de Administração do Terceiro Setor e, mais recentemente, na área de Gestão da Sustentabilidade. Dentre os livros e artigos publicados destacam-se: *"Agricultura sustentável: origens e perspectivas de um novo paradigma"*, 1999; e o capítulo sobre "Agricultura sustentável" da *Agenda 21 Brasileira 2000* (co-autor).

Participou de vários conselhos, tais como: da Associação de Agricultura Orgânica, do Conselho Superior de Meio Ambiente da FIESP e do Conselho Municipal de Meio Ambiente e Desenvolvimento Sustentável da cidade de São Paulo. Atualmente é membro do Conselho Deliberativo da Estação Ciência, da Universidade de São Paulo.

Coleção Primeiros Passos
Uma Enciclopédia Crítica

- ABORTO
- AÇÃO CULTURAL
- ACUPUNTURA
- ADMINISTRAÇÃO
- ADOLESCÊNCIA
- AGRICULTURA SUSTENTÁVEL
- AIDS
- AIDS – 2ª VISÃO
- ALCOOLISMO
- ALIENAÇÃO
- ALQUIMIA
- ANARQUISMO
- ANGÚSTIA
- APARTAÇÃO
- APOCALIPSE
- ARQUITETURA
- ARTE
- ASSENTAMENTOS RURAIS
- ASSESSORIA DE IMPRENSA
- ASTROLOGIA
- ASTRONOMIA
- ATOR
- AUTONOMIA OPERÁRIA
- AVENTURA
- BARALHO
- BELEZA
- BENZEÇÃO
- BIBLIOTECA
- BIOÉTICA
- BOLSA DE VALORES
- BRINQUEDO
- BUDISMO
- BUROCRACIA
- CAPITAL
- CAPITAL INTERNACIONAL
- CAPITALISMO
- CETICISMO
- CIDADANIA
- CIDADE
- CIÊNCIAS COGNITIVAS
- CINEMA
- COMPUTADOR
- COMUNICAÇÃO
- COMUNICAÇÃO EMPRESARIAL
- COMUNICAÇÃO RURAL
- COMUNDADE ECLESIAL DE BASE
- COMUNIDADES ALTERNATIVAS
- CONSTITUINTE
- CONTO
- CONTRACEPÇÃO
- CONTRACULTURA
- COOPERATIVISMO
- CORPO
- CORPOLATRIA
- CRIANÇA
- CRIME
- CULTURA
- CULTURA POPULAR
- DARWINISMO
- DEFESA DO CONSUMIDOR
- DEFICIÊNCIA
- DEMOCRACIA
- DEPRESSÃO
- DEPUTADO
- DESIGN
- DESOBEDIÊNCIA CIVIL
- DIALÉTICA
- DIPLOMACIA
- DIREITO
- DIREITO AUTORAL
- DIREITOS DA PESSOA
- DIREITOS HUMANOS
- DIREITOS HUMANOS DA MULHER
- DOCUMENTAÇÃO
- DRAMATURGIA
- ECOLOGIA
- EDITORA
- EDUCAÇÃO
- EDUCAÇÃO AMBIENTAL
- EDUCAÇÃO FÍSICA
- EDUCACIONISMO
- EMPREGOS E SALÁRIOS
- EMPRESA
- ENERGIA NUCLEAR
- ENFERMAGEM
- ENGENHARIA FLORESTAL
- ENOLOGIA
- ESCOLHA PROFISSIONAL
- ESCRITA FEMININA
- ESPERANTO
- ESPIRITISMO
- ESPIRITISMO 2ª VISÃO
- ESPORTE
- ESTATÍSTICA
- ESTRUTURA SINDICAL
- ÉTICA
- ÉTICA EM PESQUISA
- ETNOCENTRISMO
- EXISTENCIALISMO
- FAMÍLIA
- FANZINE
- FEMINISMO
- FICÇÃO
- FICÇÃO CIENTÍFICA
- FILATELIA
- FILOSOFIA
- FILOSOFIA CONTEMPORÂNEA
- FILOSOFIA DA MENTE
- FILOSOFIA MEDIEVAL
- FÍSICA
- FMI
- FOLCLORE
- FOME
- FOTOGRAFIA
- FUNCIONÁRIO PÚBLICO
- FUTEBOL
- GASTRONOMIA
- GEOGRAFIA
- GEOPOLÍTICA
- GESTO MUSICAL
- GOLPE DE ESTADO
- GRAFFITI
- GRAFOLOGIA
- GREVE
- GUERRA
- HABEAS CORPUS
- HERÓI
- HIEROGLIFOS
- HIPNOTISMO
- HISTÓRIA
- HISTÓRIA DA CIÊNCIA
- HISTÓRIA DAS MENTALIDADES
- HISTÓRIA EM QUADRINHOS
- HOMEOPATIA
- HOMOSSEXUALIDADE
- IDEOLOGIA
- IGREJA
- IMAGINÁRIO
- IMORALIDADE
- IMPERIALISMO
- INDÚSTRIA CULTURAL
- INFLAÇÃO
- INFORMÁTICA
- INFORMÁTICA 2ª VISÃO
- INTELECTUAIS
- INTELIGÊNCIA ARTIFICIAL

Coleção Primeiros Passos
Uma Enciclopédia Crítica

IOGA
ISLAMISMO
JAZZ
JORNALISMO
JORNALISMO SINDICAL
JUDAÍSMO
JUSTIÇA
LAZER
LEGALIZAÇÃO DAS DROGAS
LEITURA
LESBIANISMO
LIBERDADE
LÍNGUA
LINGUÍSTICA
LITERATURA INFANTIL
LITERATURA DE CORDEL
LIVRO-REPORTAGEM
LIXO
LOUCURA
MAGIA
MAIS-VALIA
MARKETING
MARKETING POLÍTICO
MARXISMO
MATERIALISMO DIALÉTICO
MEDIAÇÃO DE CONFLITOS
MEDICINA ALTERNATIVA
MEDICINA POPULAR
MEDICINA PREVENTIVA
MEIO AMBIENTE
MENOR
MÉTODO PAULO FREIRE
MITO
MORAL
MORTE
MULTINACIONAIS
MUSEU
MÚSICA
MÚSICA BRASILEIRA
MÚSICA SERTANEJA
NATUREZA
NAZISMO
NEGRITUDE
NEUROSE
NORDESTE BRASILEIRO
OCEANOGRAFIA
OLIMPISMO
ONG
OPINIÃO PÚBLICA
ORIENTAÇÃO SEXUAL
PANTANAL

PARLAMENTARISMO
PARLAMENTARISMO MONÁRQUICO
PARTICIPAÇÃO
PARTICIPAÇÃO POLÍTICA
PATRIMÔNIO CULTURAL IMATERIAL
PATRIMÔNIO HISTÓRICO
PEDAGOGIA
PENA DE MORTE
PÊNIS
PERIFERIA URBANA
PESSOAS DEFICIENTES
PODER
PODER LEGISLATIVO
PODER LOCAL
POLÍTICA
POLÍTICA CULTURAL
POLÍTICA EDUCACIONAL
POLÍTICA NUCLEAR
POLÍTICA SOCIAL
POLUIÇÃO QUÍMICA
PORNOGRAFIA
PÓS-MODERNO
POSITIVISMO
PRAGMATISMO
PREVENÇÃO DE DROGAS
PROGRAMAÇÃO
PROPAGANDA IDEOLÓGICA
PSICANÁLISE 2ª VISÃO
PSICODRAMA
PSICOLOGIA
PSICOLOGIA COMUNITÁRIA
PSICOLOGIA SOCIAL
PSICOTERAPIA
PSICOTERAPIA DE FAMÍLIA
PSIQUIATRIA ALTERNATIVA
PSIQUIATRIA FORENSE
PUNK
QUESTÃO AGRÁRIA
QUESTÃO DA DÍVIDA EXTERNA
QUÍMICA
RACISMO
RÁDIO EM ONDAS CURTAS
RADIOATIVIDADE
REALIDADE
RECESSÃO
RECURSOS HUMANOS
REFORMA AGRÁRIA
RELAÇÕES INTERNACIONAIS

REMÉDIO
RETÓRICA
REVOLUÇÃO
ROBÓTICA
ROCK
ROMANCE POLICIAL
SEGURANÇA DO TRABALHO
SEMIÓTICA
SERVIÇO SOCIAL
SINDICALISMO
SOCIOBIOLOGIA
SOCIOLOGIA
SOCIOLOGIA DO ESPORTE
STRESS
SUBDESENVOLVIMENTO
SUICÍDIO
SUPERSTIÇÃO
TABU
TARÔ
TAYLORISMO
TEATRO
TEATRO INFANTIL
TEATRO NÔ
TECNOLOGIA
TELENOVELA
TEORIA
TOXICOMANIA
TRABALHO
TRADUÇÃO
TRÂNSITO
TRANSPORTE URBANO
TRANSEXUALIDADE
TROTSKISMO
UMBANDA
UNIVERSIDADE
URBANISMO
UTOPIA
VELHICE
VEREADOR
VÍDEO
VIOLÊNCIA
VIOLÊNCIA CONTRA A MULHER
VIOLÊNCIA URBANA
XADREZ
ZEN
ZOOLOGIA